To

My tea pot

獻給我的茶壺

紅茶時間
I

有美味紅茶陪伴的時光

My First
Tea Book

為了那些想要開始過著
有美味紅茶陪伴的生活的朋友們，
書中收集了一些希望你們一定要知道的紅茶大小事。
期望這是一本能隨身攜帶的實用書籍，
所以設計成這樣小小的一本。

山田詩子

My First Tea Book
Contents
目錄

Chapter 3
Let's Have a Tea Party 44

Introduction
序

我醉心於以散裝茶葉沖泡的正統風味紅茶。
非常喜愛它那細膩又有深度的滋味。
也總是會被沖泡紅茶的茶具,
像是茶量匙、濾茶器之類的器具給深深吸引。
不論哪一樣都是我的紅茶時間中不可或缺的。
可惜的是,現在大多是使用茶包,
讓人有時會忍不住擔心起
散裝茶葉以及茶具的未來。
品茶時間中,
最重要的莫過於舒適悠閒地度過的時光。
對了!
我們可以在品茶時間用茶葉沖泡出好喝的紅茶,
藉由愉快地享受沖泡散裝葉片茶的樂趣,
盡力讓茶葉優雅迷人的味道、
以及沖泡散裝葉片茶的各種道具
繼續陪伴著我們的日常生活。

Have a nice cup of tea !

the Level

Screw

go

Into the
first
cup,
and put
a measure

Chapter
1

The First
Tea Lesson

這裡主要介紹的是沖泡出美味熱紅茶的方法。
另外也有沖泡散裝葉片茶的道具
以及紅茶的種類等基本介紹。

Tea Things
沖泡紅茶的道具

想要沖泡出好喝的紅茶，一定得要先備齊以下這些茶具

雖然統稱為茶具，但對我而言，我會將它們分成沖泡茶葉時使用到的「道具」，以及品嚐時所需的「食器」。首先，來介紹沖泡茶葉時必須用到的道具。

茶量匙

一般稱為茶匙的湯匙，其主要功能是在於能均勻地混合並沖泡茶葉，而非用來測量所的盛取的茶葉份量。所以請使用茶葉專用量匙來盛取茶葉。由於多在廚房這類潮溼場所使用，建議選用不鏽鋼材質的茶量匙。

隔熱墊

加入熱水時，墊於茶壺下方。避免溫度從茶壺壺底散失，確保茶壺中產生完整的對流運動（迴旋上下跳躍）。

茶壺

紅茶的美味成分要「浸泡於有蓋容器中」才能散發出來。所以，請一定要使用茶壺。陶瓷製，壺身接近圓形，壺嘴不要太短，厚度適當的茶壺是較好的選擇。請選用相對於紅茶份量來說較大的茶壺。

計時器

沖泡時間因茶葉種類及葉片大小有所不同。葉片較大的茶葉需要3分鐘，葉片較細小的茶葉最少也需要沖泡2分鐘。雖是短短的3分鐘，其實比想像中來得長呢。一開始先別憑直覺，找一個用得順手的計時器來幫忙吧！

濾茶器

過濾茶葉茶湯的用具。有很多不同的造型，建議使用可過濾掉細小葉片的金屬網目製品。選用附有濾網放置架的款式，使用上更為便利。

茶壺套

不論是什麼樣的季節，茶壺套都是品茶時間的必需品。只要蓋上可直立包覆茶壺、有著厚厚鋪棉的茶壺套，茶水就可維持40分鐘(!)的熱度。請一定要用茶壺套保溫！

Secrets about Tea

讓紅茶好喝的秘密

首先希望讓大家知道，到底「紅茶的美味」指的是什麼呢？

會讓人覺得紅茶好喝的美妙滋味，就是由茶葉裡所含的單寧酸與咖啡因結合而形成的。這一點一定要記住喔。

為了要沖泡出紅茶的「美味」……

1
讓揉捻的茶葉完全展開

2
使茶葉的單寧酸盡量釋放出來
(越高等級的茶葉所含的單寧酸越高)

3
釋放出的單寧酸與咖啡因結合

1

讓揉撚的茶葉完全展開......

迴旋跳躍

Jump! Jump!

Dr. Gervas Huxley

茶葉是由葉片揉撚製作而成。使其完全展開、恢復成葉片原來的形狀，才能釋放出美味的成分。因此茶葉可以在茶壺裡有充分的空間「伸展」與翻滾是非常重要的。這種動作，具體來說就是茶壺裡有讓茶葉會上下動作的對流，我們稱之為Jumping。

熱水中含有許多空氣，再加上高溫，使茶葉可以在裡面順暢地對流翻滾。相反地，如果溫度較低，茶葉就會往上漂；而在100℃下沸騰太久則會造成水中空氣含量大幅下降，茶葉會往下沈，這兩種情況都無法形成適當的對流運動。

2

盡量釋放出茶葉的單寧酸……

溫度

首先，讓單寧酸釋放出來，必須要使溫度達到90℃以上。由實驗得知，在100℃與90℃下釋出的單寧酸數值有很大的差距，因此用100℃的熱水來沖泡茶葉是非常重要的一環。

英國從以前就有「take the tea pot to the kettle（不是拿熱水壺到茶壺旁加入熱水，而是要把茶壺拿到煮沸的熱水壺旁注入熱水）」這樣的一句話，從這裡就可得知溫度的秘密。另外，如果將熱水注入沒有事先溫熱的茶壺中，茶水溫度會馬上降低5度左右。越是高檔的茶葉，越會因為溫度而影響單寧酸釋放量。這如此珍貴、左右紅茶口感及風味的成分，一定要特別注意並避免各種可能的因素，盡量讓它釋放出來。

16

3

釋放出的單寧酸與咖啡因結合

時間

接著要將釋放出來的單寧酸與咖啡因完全結合。結合了以後會如何呢？茶湯的濃厚度與溫潤感就會表現出來。要得到這樣的結果，時間是重要的因素。如果時間太短，單寧的澀味會過於強烈，這是因為浸泡的時間不足、單寧酸與咖啡因無法完全結合的緣故。但倘若沖泡時間過久，茶葉中其他的物質則會被溶解出來，產生令人不喜歡的苦味。

◆

以上是可以使茶葉的美味成分盡量釋放出來的重要因素。只要具備這三個條件、呈現出明顯的熱對流現象，就能讓茶葉在茶壺中盡情地迴旋跳躍。光是這樣，就可以讓「茶葉＋熱水」這種簡單的飲品釋放出迷人香氣與好滋味。

How to make
沖泡出好喝紅茶的方法
the perfect tea

讓茶葉在茶壺中對流迴旋跳躍

瞭解了沖泡出好喝紅茶的方法之後，請密集地練習、讓動作變得純熟。請別忘了每次都要以正確的方法沖泡喔。接著，就讓我們實際地來沖泡看看吧！

一定要用茶壺來沖泡茶葉。

✦

首先，將裝好的清水用大火在短時間內煮沸。

✦

將熱水注入茶壺與茶杯中，使杯壺溫熱之後將熱水倒掉。參照人數，以茶量匙盛取適量的茶葉，注入100℃ 的滾水（會不斷冒出銅幣大小的氣泡）。

✦

浸泡2～4分鐘之後，再透過濾茶器倒進杯子裡。

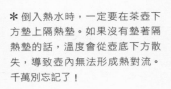

＊倒入熱水時，一定要在茶壺下方墊上隔熱墊。如果沒有墊著隔熱墊的話，溫度會從壺底下方散失，導致壺內無法形成熱對流。千萬別忘記了！

泡得好喝嗎？

 無法泡出喜歡的紅茶濃度

▶ 用了茶量匙量取茶葉了嗎？

一般說的茶匙，多是用來盛取砂糖、攪拌紅茶用。如果拿茶匙來量取茶葉的話，可以盛取的份量非常少。談到盛取茶葉的適當份量，較大葉片的茶（大吉嶺・阿薩姆等等）以稍微突出茶量匙表面的份量為佳，如果是葉片細小的茶葉（如斯里蘭卡茶）則是以平匙為基準。

▶ 熱水的份量呢？

為了可以煮沸恰好裝滿一壺的水量，請利用實際使用的杯子裝水，記住杯數以及大約水量。所需水量會因為杯子的形狀大小不同而有所不同，請注意這點差異。本書中所提及的杯子是以150cc為標準，如果使用的是像馬克杯這樣較大的杯子，則須考慮增加茶葉以及熱水量。

▶ 那麼，沖泡的時間要多長呢？

紅茶，尤其是由葉片揉撚而成的茶葉，如果沒有足夠沖泡時間的話，葉片無法完全伸展開來、無法釋放出美味的成分，也會因而影響濃度與口感的溫潤。大葉片的茶葉所需的沖泡時間約為3分鐘，細小葉片也需要2分鐘左右。

How to make the perfect tea

 茶壺裡的茶湯漸漸變得很濃怎麼辦呢？

▶ 給大家的建議是，請使用兩個茶壺來泡茶。將濃度剛好的茶湯，透過濾茶器倒入另一個事先溫過的茶壺中，蓋上茶壺套之後再端上桌。即使喝到第2杯以上，還是能維持在喜歡的濃度，還是一樣好喝。

 雖然茶葉份量，水量以及浸泡時間都遵循了正確的方式，泡出來的茶還是太濃太澀

▶ 紅茶的美味來自於會產生茶澀味的單寧酸。雖然每個人的喜好不同，但請試著找出紅茶「茶澀味」與「美味」的平衡點。這種澀味，與茶葉因為浸泡得過久而產生的苦味是不同的，是一種清爽的口感。請將這種好的茶澀味當成優質茶葉的特性並記下來。另外，如果沖泡得過濃的話，也可加入熱水調整濃度。

 如果想要沖泡較淡又好喝的紅茶，該怎麼做呢？

▶ 想要沖泡較淡的茶時，通常會想要縮短沖泡的時間。沖泡紅茶時，不論茶葉的量有多少，都需要足夠的時間才能引出美味的成分。沖製較淡但依然美味的紅茶，祕訣就是減少茶葉的份量，但仍用足夠的時間沖泡。

 香氣‧口感似乎都不太好

▶ 熱對流的條件是否都具備了呢？

一定要先溫壺。跟溫杯比起來，溫壺更加重要。用熱水即可，不一定要使用100℃的滾水溫壺。

▶ 水質以及熱水的狀態如何呢？

沖泡紅茶適合使用空氣含量高的軟水。在水壺中加入從水龍頭大量注入的水較好，事先裝好的水、礦泉水以及蒸餾水無法完美地呈現紅茶的香氣跟色澤。另外，長時間因沸騰而散失較多空氣的水、以及溫度過低的熱水也都無法帶出紅茶的美味。

▶ 使用的是新的茶葉嗎？

未開封的話可保存1~2年，開封以後請於半年內用完。

▶ 茶葉的保存狀態？

是否將茶葉擺放在冰箱或是香味過於強烈的東西旁邊呢？紅茶很容易吸取其他物品的味道，請特別注意存放的場所。

▶ 是否還做了類似這樣的事情呢？

紅茶沖泡一次之後就得更換茶葉，不能多次重複沖泡。沖泡過的紅茶不能再重新加熱，會產生不好的味道，「產生苦味的成分」也會隨之溶解出來。

Tea Tasting Lesson

接著，讓我們來找出喜歡的紅茶！

從紅茶的特點找出自己喜歡的風味

紅茶是天然植物，所以會因產地而有不同的風味。想要瞭解紅茶真正的味道，就要飲用充分表現了特色、在最佳產季產出的優質茶葉沖泡出來的茶，仔細地慢慢品味、並記住它的味道、香氣、色澤。

課程開始。

同種類的茶葉，須以**正確的方式**沖泡，並且**至少持續2週、一天3次，每次2杯**。此為記住味道的最佳方法。
如果沒辦法做到，則請盡量密集地試飲同一種茶葉。

這裡列出來的是較有個性以及代表性，希望大家能記得其風味口感的幾款茶葉。但是請別忘記了，越是有個性的茶葉，越會讓人在每次飲用時改變對它的最初印象！

大吉嶺（印度紅茶）·······························Darjeeling
生長於喜馬拉雅山山麓下，被細心呵護育成的茶葉。一年分三次採收，每一期採收的茶葉都有不同的特徵。新茶就能販售，這也是享用這種茶葉的樂趣之一。香氣清新而味道爽口，茶湯顏色較清澈金黃，所以如果以顏色來判斷茶葉的沖泡程度的話可是會失敗的喔。很高價的一種茶葉，但風味獨具。

阿薩姆（印度紅茶）·······························Assam
味道濃烈，是最適合沖泡成奶茶的一種茶葉。茶湯是飽和的深紅色，跟牛奶調和後層次豐富、味道濃醇。只要有了這種茶葉，就可以自信地做出美味的奶茶了！

烏巴（斯里蘭卡茶）··Uva
跟其他的茶葉不同，帶有刺激性及獨特的香氣。在最佳產季採收
的被視為最高等級。希望喜歡紅茶的朋友一定要記住它獨特的個
性。雖然口感偏澀，但建議沖泡後不加其他東西直接飲用。剛開
始嘗試時，可以先以小杯酌量飲用。

汀布拉（斯里蘭卡茶）·······································Dimbula
比烏巴更為溫潤，是香味很受大眾喜愛的斯里蘭卡茶。色澤、香
氣、口感都很和諧的一種茶葉，直接飲用或是製作成奶茶都很美
味，推薦給不喜歡味道太獨特或是太普通的紅茶的朋友們。

奴瓦拉伊利雅（斯里蘭卡茶）·····························Nuwara Eliya
不刺激、好入口，帶有剛剛好的澀度與清新香氣的茶葉。清爽的
口感，做為「每天喝的紅茶」也不會膩。也很適合做為很多調味
茶的基底茶。

祁門（中國茶）···Keemun
沈穩醇厚，帶有煙燻香氣的茶葉。澀味少而口感溫潤，直接沖泡
飲用味道宜人。茶葉本身的香氣與牛奶調和之後會變成有個性的
奶茶，個人相當推薦。

肯亞（肯亞茶）··Kenya
品質安定中性調，帶有新鮮香氣的茶種，是很令人期待的紅茶，
給人一種「我是新口味！」的印象。茶澀味適中，茶湯顏色也很
適合加入牛奶。

Tea Calendar

紅茶月曆

紅茶的收穫期以及我們可以買得到的時間

要品嚐紅茶當然要喝新鮮的茶，濃郁的風味更能體味出茶葉的特色。
接著介紹各種代表性茶葉的收穫期，以及我們實際能購買到的時間。

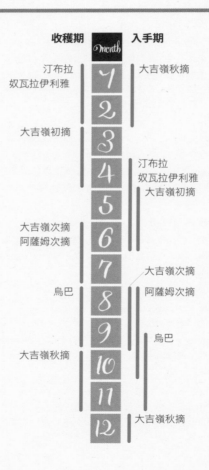

收穫期	month	入手期
汀布拉 奴瓦拉伊利雅	1	大吉嶺秋摘
	2	
大吉嶺初摘	3	
	4	汀布拉 奴瓦拉伊利雅 大吉嶺初摘
	5	
大吉嶺次摘 阿薩姆次摘	6	
	7	大吉嶺次摘
烏巴	8	阿薩姆次摘
	9	烏巴
大吉嶺秋摘	10	
	11	
	12	大吉嶺秋摘

Tea time table
一日紅茶生活

介紹適合一天中各個時段的飲用方式

英國人喝茶,從一早空著肚子喝「床茶」開始,一整天有很多次喝茶的時間,對於我們來說,大概分成以下幾個時段。接著就介紹一些個人推薦,適合不同喝茶時段的茶種與飲用方式。

早上很適合品嚐以茶澀味較少的中國祁門紅茶調配而成的、帶有煙燻味的奶茶。大吉嶺高級茶種或是烏巴新茶的單寧酸太高,對於剛起床的人而言太過強烈。

在適合以三明治當午餐的季節裡,搭配一杯什麼都不添加的斯里蘭卡紅茶吧。

來一杯跟午茶點心一樣香醇濃郁的阿薩姆奶茶吧。新鮮美味的大吉嶺新茶也很棒。

飯後,建議飲用添加了能幫助消化的茴香、肉桂等香料的肯亞茶所沖製的奶茶。

睡前,沖一杯較淡的奴瓦拉伊利雅,再加入一點薑跟蜂蜜,暖暖身體好入眠。

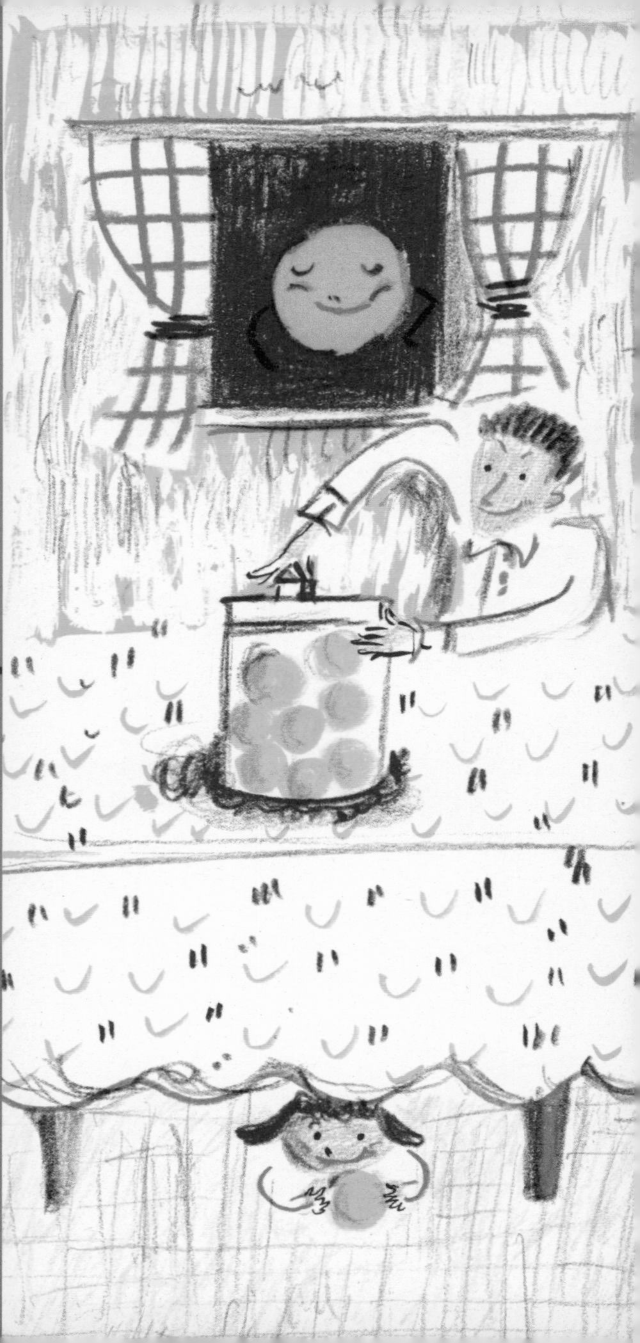

Chapter
2

The First Tea Lesson

適合搭配紅茶又簡單易做的點心食譜，
只要學會了這些，你的品茶時光就會變得豐富充實。
歡迎小朋友或是男性朋友也一起來試做看看。
做出美味甜點的祕訣就是「速度」以及「細膩的動作」。
如果不小心失敗了，也千萬別放棄，
請再嘗試做一次看看喲。

Simple Tea Sweets
輕鬆做甜點

32 款簡單食譜

為了能輕鬆地製作甜點，材料的份量可以準備得少一點，並選用小的模型。這樣可以將兩款共 30 份的點心同時送進烤箱烘烤。恰好適合 3~4 個人的午茶約會，這樣的份量做為伴手禮也剛剛好。

仔細讀過做法，
好好思索流程，
準備好材料與工具，
調整好節奏準備開始囉！

✦ 製作點心前

想要能隨時起意、輕鬆自在地做點心，很重要的一點，就是平時要備妥能使製作速度順暢快速的工具與基本材料。

✦ 製作點心時所需要的工具

盆子、木匙、橡膠刮刀、打蛋器、秤、量匙、量杯、篩粉器、擀麵棒、刷子

✦ 一般會用到的模型

圓形（15cm）、派盤（15cm）、磅蛋糕模（小）、方格模（15cm大小）（20cm大小）、瑪芬模（直徑7cm×6個）

✦ 最好可以常備的材料

麵粉、白砂糖、可可粉、肉桂粉、泡打粉、小蘇打粉、香草油、檸檬油、蘭姆酒、葡萄乾、蘭姆酒漬葡萄乾、柑橘皮、胡桃、果醬類（杏桃與草莓果醬最好用）

利用此份食譜製作時的標準

如果對口感沒有特殊需求的話，麵粉＝低筋麵粉、奶油＝無鹽奶油、砂糖＝白砂糖、蛋＝大顆的、1杯＝200cc、大匙＝15cc、小匙＝5cc。烘焙時間與溫度則視情況而定。

Salty Biscuits
鹹餅乾
也可烤成馬蹄形狀

輕柔地將奶油50g打發，呈白色之後加入砂糖15g、胡桃碎粒1/3杯、鹽1/4小匙、麵粉60g及香草精，用木匙攪拌均勻。做成葡萄大小的小球後，壓平排列在鋪有烘焙紙的烤盤上，以160°C烤20分鐘。待涼，用篩粉器灑上糖粉1/3杯。

Walnut Biscuits
胡桃餅乾
酥脆又香氣四溢

輕柔地將奶油75g打發，呈白色之後分多次加入砂糖75g、蛋1/2顆、胡桃碎粒70g、麵粉75g與泡打粉半小匙過篩後直接加入。做成葡萄大小的小球後，壓平排列在鋪有烘焙紙的烤盤上，以160°C烤20分鐘。

Raisin Biscuits

葡萄乾餅乾

咬起來脆脆的極佳口感

輕柔地將奶油50g打發，呈白色之後將砂糖40g分多次加入，然後再加入牛奶10cc、切碎的葡萄乾25g與檸檬油。加入過篩後的麵粉95g之後，用橡皮刮刀攪拌混合均勻後揉成直徑4cm的長條狀，用保鮮膜包起來，放進冷凍庫靜置後，再切成1cm厚片，以200℃烤15分鐘。

Orange Biscuits

橘子餅乾

烤得好香好香

麵粉125g與泡打粉1/2小匙一起過篩後，加入砂糖60g、牛奶1大匙、融化的奶油50g、磨碎的橘子皮1/2個，快速地混合均勻。在灑了麵粉的工作台上將麵糰壓成5mm厚，再以圓形模型或杯口壓出圓形。塗上牛奶之後以180℃烤15分鐘。

Sable
英式酥餅
也可以切成四方形後烘烤

輕柔地將奶油50g 打發至呈白色之後，依照順序將砂糖50g、蛋黃1個、肉桂粉1/4小匙、鹽少許、切碎的葡萄乾20g、麵粉60g、杏仁粉50g加到盆子裡均勻混合，將材料放入冰箱至少靜置2小時以上。在灑了麵粉的工作台上擀成4mm厚，再以直徑4cm的圓形模型壓出圓形，塗上蛋黃1/2個後以180℃烤12分鐘。

Flat Biscuits
薄餅
「啪！」地用手剝成
一片一片地來吃，真有趣

用手指捏碎切成骰子狀的奶油25g，將之混入麵粉70g中，並加入砂糖1大匙與肉桂粉1/3小匙。然後加入帶有酸味的果醬1大匙後快速地均勻混合。在鋪有烘焙紙的烤盤上用擀麵棒將麵團擀成3～5mm厚、直徑約18cm的圓形餅皮。在餅皮上畫上8等分的放射狀線條後以160℃烤15分鐘。烤得脆脆的就完成了。果醬可以選用杏桃、覆盆子、柑橘等等，如果酸味不夠的話，可再加入檸檬汁1小匙。

Shortbread

酥餅

蘇格蘭節慶時的傳統點心

將麵粉75g、粳米粉25g過篩到盆子裡，以手指將切成骰子狀的奶油75g混合。此時加入砂糖25g，並視個人喜好添加肉桂粉1/2小匙。用手將麵團搓揉成一個大球後，把餅皮推壓到底部可拆卸的塔皮模型（小）上，拿掉模型，再反過來放在鋪有烘焙紙的烤盤上。使用刀叉在邊緣劃出刻度，表面則輕輕畫出8等分的放射狀線條，並用叉子戳出小洞。以170℃烤35分鐘。

Soda Bread

蘇打麵包

做成小小的尺寸，
讓人一口接一口

將麵粉75g、小蘇打粉1/3小匙過篩到盆子裡，加入牛奶15cc、優格3大匙與砂糖10g。依喜好的比例加入混合後的葡萄乾、柑橘皮、胡桃（共60g）。混合做成直徑約18cm的球，放到鋪有烘焙紙的烤盤上。撒上粳米粉1大匙，用刀子劃出1cm深的十字後以180℃烤30分鐘。也可加入蘭姆奶油。

Scone sweet
甜司康 (10個)
不用沾什麼就好好吃

麵粉125g、泡打粉1小匙與小蘇打粉1/4小匙過篩，捏碎切成骰子狀的奶油50g後混入。灑上砂糖25g，依喜好加入葡萄乾或乾燥香料植物2大匙。用牛奶25cc與蛋1/2顆製作蛋液，一點一點地加入，讓材料融合成一大球。揉成高爾夫球大小，排在鋪有烘焙紙的烤盤上，若有剩餘的蛋液，可塗在麵糰上，烤箱溫度160℃烤15~18分鐘。祕訣是速度。試著挑戰在十分鐘內完成備料到烘焙吧！

Scone simple
簡易司康 (10個)
很快地就能做好
馬上就可端上桌

麵粉125g、泡打粉1小匙過篩，然後捏碎切成骰子狀的奶油35g並混入，再加入砂糖1大匙。如果想要加葡萄乾的話，可在此時加入2大匙。一邊一點一點地慢慢加入牛奶60cc，一邊用手攪拌混合。將麵團擀平成2mm厚，再以杯子壓出圓形、或是用刀子切成5cm大小的方形，排在鋪了烘焙紙的烤盤上，表面刷上牛奶後以180℃烤15分鐘。

Everyday Muffin
每日瑪芬
每天吃也不覺得膩的美味

在小鍋裡加入沙拉油 4 大匙、砂糖 50g、牛奶 75cc、葡萄乾 60g、肉桂粉 1/2 小匙，煮到稍微沸騰後馬上關火冷卻。冷卻後加入蛋 1 顆與過篩的麵粉 100g、泡打粉 2 小匙，充分攪拌混合。將麵糊倒入 6 個塗了油的模型（直徑 7cm）中，倒 7 分滿即可。以 170℃ 烤 20 分鐘。

Frank Muffin
法蘭克瑪芬
大家都會喜歡的經典食譜

均勻混合蛋1顆、砂糖3大匙、牛奶70cc、融化的奶油30g，加入過篩後的麵粉100g與泡打粉2小匙之後用橡皮刮刀攪拌混合均勻。將麵糊倒入6個塗了油的模型（直徑7cm）中。在倒麵糊時，先倒一半，加入起司或果醬後，再繼續加麵糊至7分滿，然後送入烤箱以170℃烤25分鐘。

Pancake

鬆餅

跟鬆餅最搭配的
莫過於香濃的阿薩姆奶茶

麵粉100g、小蘇打粉 1/4 小
匙、泡打粉 1/2 小匙過篩,
再加入鹽 1/4 小匙與砂糖 1 大
匙混合攪拌。混入打好的蛋 1
顆並一點一點地加入溫牛奶
125cc,用打蛋器用力打 2~3
分鐘,把麵糊打到滑順的狀
態。在熱過的平底鍋上薄薄地
抹上一層油,用湯匙將麵糊舀
入平底鍋,以中火煎到表面浮
出氣泡後翻面,再轉小火煎到
淺褐色。

Brown Betty

烤蘋果布丁

懷舊風格的點心,
要熱熱地吃喔

均勻混合牛奶100cc、砂糖3大匙、麵粉2小匙、蛋1顆。在12×
22×3cm的耐熱容器上塗上薄薄的奶油,將去邊的吐司薄片撕
成一口大小,與切成薄片的蘋果1顆交錯排在容器裡,最後灑
上肉桂粉與肉豆蔻。然後倒入一開始做好的麵糊,並在多處鋪
上奶油塊15g 以160℃ 烤20分鐘。

Banana Cake

香蕉磅蛋糕

從熱愛甜食的姑姑那裡
學來的食譜

將乳瑪琳40g打到滑順的狀態，將砂糖60g分多次加入。此時
將打好的蛋1顆分次加入，將熟透的香蕉2根用叉子的背面壓
碎後加進材料中。最後將過篩的高筋麵粉75g與小蘇打粉1/2
小匙一起倒入混合攪拌。把混合好的麵糊倒入已經抹油的磅蛋
糕的模型（小）中，以170℃烤30分鐘。

Crumble Cake

碎餅蛋糕

樸實溫暖的點心

依照順序加入麵粉75g、杏仁
粉60g、砂糖60g、奶油75g，
用手指頭拌成粗粒狀。此時將
2/3壓平鋪於抹上奶油的派盤
（15cm）上。把喜歡的水果（蘋
果、桃子等等）200g切成1.5cm
薄片，淋上檸檬汁與白蘭地各
1大匙，以及灑上肉豆蔻、肉
桂粉等香料後再於上方鋪上剩
餘的碎餅，以220℃烤20分
鐘。

Brownies
布朗尼
加入葡萄乾也很棒

輕柔地將奶油80g打發,呈白色之後分多次混入砂糖100g攪拌均勻。此時一點一點地加入打好的蛋2顆,再加入切碎的胡桃顆粒60g與蘭姆酒2大匙。麵粉90g、可可粉6大匙、泡打粉1小匙過篩後混入攪拌,倒入塗了油的20×20cm方形模型中,以170℃烤25分鐘。

Fruits Cake
水果蛋糕
烤好後再放個1~2天會更好吃

輕柔地將奶油30g打發,呈白色之後分多次混入砂糖55g攪拌均勻。分次少量地加入蛋1顆。將切碎的葡萄乾20g、橘子皮20g、胡桃20g、杏仁片10g、肉桂粉1/2小匙、肉豆蔻1/6小匙、丁香1/8小匙、白蘭地2大匙也一起加進去混合。麵粉60g、泡打粉1/2小匙過篩後加入,以橡皮刮刀徹底均勻攪拌,倒入已經抹油的磅蛋糕的模型(小)中,以170℃烤25分鐘。

Brown Cherry Cake

黑櫻桃蛋糕

加了鮮奶油

輕柔地將奶油50g打發，呈白色之後分三次混入砂糖55g，再一點一點地加入打好的蛋1顆。加入切碎的罐頭黑櫻桃3大匙、葡萄乾40g、白蘭地1.5大匙後，放入過篩的麵粉45g、可可粉15g、泡打粉1小匙，以橡皮刮刀徹底均勻攪拌，在直徑15cm的圓形蛋糕模中塗沙拉油，倒入麵糊。留黑櫻桃6顆不切碎，與杏仁片一起放在蛋糕上面點綴裝飾，以160℃烤25分鐘。

Chocolate Cake

巧克力蛋糕

濃郁口感大人風味

在鍋中放入砂糖50g、水1/2大匙，開火加熱。砂糖溶解後，放入切碎的點心用黑巧克力100g，低溫融化。離火後加入切成骰子狀的奶油85g使其融化。慢慢加入小型的蛋2顆，並以打蛋器均勻混合，再過篩加入麵粉15g。在直徑15cm的圓形模型中塗上奶油、灑上麵粉後倒入麵糊，以170℃烤30分鐘。烤好後馬上放到盤子上，淋上喜歡的洋酒1大匙。

Custard Cake
卡士達醬蛋糕
冰冰的也好吃

用手指在15cm圓形模型裡塗上厚厚一層奶油（20g）。混合牛奶190cc、鮮奶油200cc、雞蛋1顆、蘭姆酒10cc，再加入麵粉65g與砂糖50g，然後以打蛋器均勻混合。依照個人喜好加入李子或是葡萄乾50g。再將其倒入模型中，上面隨意鋪放上奶油20g，以170℃烤50分鐘。放涼後再切開。

Honey Cake
蜂蜜蛋糕
烤得黃澄澄、
賞心悅目的蛋糕

將蜂蜜40g、切成骰子狀的奶油25g放入盆中隔水加熱，讓奶油融化。過篩加入麵粉50g、泡打粉1/2小匙，均勻攪拌混合。然後加入蘭姆酒1大匙、切碎的胡桃碎粒20g、切碎的葡萄乾2大匙、蛋1顆混合。在直徑15cm的派盤中抹油，倒入麵糊，放上對切的胡桃6個裝飾，以200℃烤15分鐘。烤好後馬上脫模，在表面塗上滿滿的蜂蜜。

Madeleine

瑪德蓮

非常簡單，適合懶惰鬼

在料理盆中加入蛋2顆與砂糖60g混合攪拌，加入削下的檸檬皮1/2顆。麵粉60g過篩後加入，迅速地攪拌。此時加入融化的奶油60g，跟整體均勻混合。把材料倒入抹有奶油的模型（12個）裡，以220℃烤10分鐘。

Cheese Cake

起司蛋糕

適合搭配紅茶的清爽點心

把融化的奶油15g加入奶油起司100g中，分多次加入砂糖2大匙、檸檬汁3小匙與打好的蛋1顆。然後加入蘭姆酒漬葡萄乾3大匙，及過篩後的麵粉60g、泡打粉1/2小匙，在直徑15cm的派盤中抹油，倒入麵糊，以190℃烤25分鐘。

Short Crust
派皮
搭什麼都適合的簡易塔皮
也可以當成派皮使用

重點在於動作要快。最好能在1~2分鐘內就完成作業。使用放在室溫下有點變軟的奶油,做起來會更順手。

把麵粉125g過篩倒入料理盆中,形成小山狀,在正中間挖出一個小洞放入奶油80g、蛋1顆、砂糖少許、鹽1/4小匙,用手指混合均勻,再慢慢一點一點地將麵粉小山四周的山壁混入。混合好了以後,加入牛奶1/4小匙,再用手掌搓揉整體兩三遍。用保鮮膜包住靜置2小時以上,時間允許的話,將麵團放進冰箱冰一晚會更好。

Apple Tart
簡易蘋果塔
不需要模型的蘋果塔

like this

把塔皮麵團擀成直徑25cm的圓形,放入冰箱靜置。在平底鍋中融化奶油3大匙,放入去核並切成12等分的蘋果600g以及砂糖2大匙,用中火煎7~8分鐘左右,使其呈現褐色。離邊緣2.5cm,把煮好的蘋果排放到塔皮上。將邊緣的餅皮往內摺、稍稍蓋住蘋果。在往內摺的餅皮上塗上蛋汁,以220°C烤30分鐘。灑上黑糖後,趁熱享用。

Tea Sandwich
三明治點心
尺寸與餡料份量恰到好處

〈基本款小黃瓜三明治〉將混合黃芥末的奶油塗在麵包上，夾入薄切的小黃瓜片。

〈雞肉三明治〉將川燙過的雞里肌切薄片，用塗有檸檬美乃滋的麵包將雞肉夾起。

〈西洋芹三明治〉用塗了奶油的麵包夾著少許胡桃碎粒與西洋芹。

〈煙燻鮭魚土司〉麵包稍微烤一下，塗上奶油，並放上煙燻鮭魚。

＊用保鮮膜包好，放入冰箱靜置一會兒，會比較好切。

Lemon Curd
檸檬奶黃醬
裝在小瓶子裡作為禮物

用熱水徹底洗淨大顆檸檬3顆，削下皮並榨汁。在小鍋子中放入蛋黃3個、砂糖200g、奶油100g以及剛剛削下的檸檬皮與檸檬汁，一邊用木匙攪拌以文火煮30分鐘。須放在冷藏庫中保存，儘早食用。

Rum Butter
蘭姆奶油
適合搭配味道單純的蛋糕

輕柔地將奶油50g、糖粉150g、蘭姆酒2大匙仔細混合攪拌。可塗在鬆餅或是喜歡的茶點上。

Let's Have a Tea Party

學會了如何沖泡出好喝的紅茶以及製作點心的方法，
已經可以辦一場下午茶聚會了呢！
接著介紹從簡單的午茶時間、
到稍稍正式的午茶餐會等四種不同形式的茶會。

Let's have a tea party

辦一場茶會吧

輕鬆自在的氣氛是最好的款待

從午茶時間到大型的派對，茶會可能有各種不同的形式，不論哪一種形態，「享受喝茶的時間」是舉辦茶會最基本的精神。因此，首先要沖製出美味好喝的紅茶。請讓自己和賓客一起放鬆，自在地度過愉快的時光。

---

1 ⋯⋯⋯⋯⋯⋯⋯⋯⋯ **要準備兩種以正統方式沖泡的茶。**
（如果只是午茶休息時間，只需準備一種就夠了）

2 ⋯⋯⋯⋯⋯⋯⋯⋯⋯ **可以的話，茶點也請準備兩種以上。**

3 ⋯⋯⋯⋯⋯⋯⋯⋯⋯ **插花妝點場地。**

只要具備以上三點，就算規模小，
也是場優雅美好的茶會。

+ 茶葉會因產地而展現出不同風味，建議同時準備適合直接飲用的茶與適合製作成奶茶的茶等兩種茶葉。

+ 紅茶要泡到剛好的濃度，透過濾茶器濾掉茶葉茶渣，倒進事先溫過的茶壺，並且罩上茶壺套後再端上桌。

+ 雖然有熱水添加壺，可依賓客喜好調整茶的濃度，但小茶壺外面還是要罩上茶壺套，才可以讓茶水維持在一定的溫度。

+ 喝茶時搭配的點心，尺寸大小特別重要。要小巧、可以單手拿取，讓人方便入口。

+ 餐巾尺寸約為25×25cm，餐墊小的約為20×30cm、大的約為26×39cm大小。

+ 可以多準備幾個小花瓶，方便佈置、裝飾。

Check List

- ☐ 紅茶茶葉
- ☐ 餅乾類
- ☐ 瑪芬 ・ 司康類
- ☐ 蛋糕類
- ☐ 三明治點心類
- ☐ 果醬 ・ 抹醬類
- ☐ 茶壺
- ☐ 茶杯 & 茶盤
- ☐ 馬克杯
- ☐ 牛奶盅
- ☐ 糖罐
- ☐ 茶壺套
- ☐ 熱水添加壺
- ☐ 點心盤
- ☐ 蛋糕架
- ☐ 果醬 ・ 抹醬容器
- ☐ 點心刀叉
- ☐ 桌巾
- ☐ 餐巾
- ☐ 餐墊
- ☐ 杯墊
- ☐ 花瓶
- ☐ 花

Mug Mug Tea Break

最迷你的午茶休息時間

馬上就可以準備好,簡單但歡樂依舊滿滿。沒什麼事情的日子,一起來喝下午茶休息一下吧。

Menu

葡萄乾餅乾

蘭姆奶油麵包

香蕉蛋糕

阿薩姆紅茶
(奶茶)

Come on.
sit down and have a cup of tea,
and we'll talk about it!

 茶壺(大)、馬克杯、牛奶盅(大)、茶壺套、點心盤、點心刀、餐巾、杯墊、花瓶

✦ 點心的種類較少，所以用盤子盛裝。加上濃濃熱熱的一杯茶，營造出豐盛感。

✦ 採用英式風格，不使用點心叉而只用小點心刀。

✦ 馬克杯的容量比茶杯多，因此沖製的時候要特別注意茶葉的份量。也請準備大的牛奶盅。

✦ 為了要營造出放鬆舒適的氣氛，選擇的茶壺是 Brown Betty（英國常見的深茶色圓形茶壺）。與茶壺搭配的是羊毛質地的茶色茶壺套，杯墊、餐巾也是不怕髒的深咖啡色，讓客人可以自在放鬆沒有壓力。

Yellow Welcome Tea Party

如何決定茶會的主題

因為是春天所以選擇黃色的物品作為主題！為朋友們佈置一個明亮又溫馨的桌面。

Menu

橘子酥餅

卡士達醬蛋糕

蜂蜜蛋糕

雞肉三明治

奴瓦拉伊利雅茶
(純紅茶)

肯亞茶
(蜂蜜奶茶)

We are pretty happy really!

茶壺2個、茶杯＆茶盤、茶壺套、熱水添加壺、點心盤（小）、點心架、叉子、餐巾、餐墊（小）、花瓶

✦ 主題除了顏色以外，花朵、季節或是任何圖案（愛心、天使、蜜蜂等等自己喜歡的事物，什麼都可以！），都要選擇適用於派對的創意才行喔。

Heart

Angel

Bee

✦ 茶壺套是不論哪個季節都不可或缺的道具（即使是夏天，室內也都會開著冷氣），因此可以試著做成各式各樣有趣的造型。這是蜂巢形狀的茶壺套。簡單的造型，上頭還可以別上小花別針裝飾。

✦ 試著讓全部都是黃色系的點心有不同的口感，有很酥脆的、也有帶點嚼勁的。都是尺寸很小的點心，所以盛裝在小點心盤裡。

Crisp　firm　spongy

✦ 茶會的出茶順序，先從純紅茶開始，接著才是奶茶。這裡準備的不是上桌後才加入牛奶的奶茶，而是直接在沖製時就加入蜂蜜與牛奶製作而成的。

✦ 在果醬玻璃瓶、古董奶油罐等的小瓶罐插上春意盎然的黃色小花，一人一個，讓客人當成花束帶回家。時間足夠的話，也可送大家親手做的檸檬奶黃醬當小禮物。

Chic & Cozy Birthday Tea Party

舉辦一個比較正式的茶會派對

發出邀請卡，
以茶會的形式慶祝生日！

menw

瑪德蓮

季節水果塔

英式酥餅

三明治點心2種

黑櫻桃蛋糕

烏巴茶

大吉嶺茶

Happy Birthday to me!

茶壺、茶杯＆茶盤、牛奶盅、茶壺套、點心盤、
蛋糕架、點心刀＆點心叉、餐巾、桌巾、花瓶

✦ 想要營造出稍微正式的氣氛，點心的尺寸就要小巧精緻。不必選擇特別名貴的點心，花點心思在尺寸或是形狀（用有點不同的造型模型來烘焙）。

不要一次把全部的點心端上桌，把比較特別的（含有酒類或是有濃厚季節感的點心）當作最後重頭戲拿出來會更棒。

useful!

✦ 備有2~3層的蛋糕架或是水果缽盤，舉辦派對時會很方便。尤其是水果缽盤，樣子可愛，不論是裝餅乾或是蛋糕，都能使各種點心看起來很有質感。

另外，餐具不需要特別名貴精緻，主要是整體感覺一致。還有，建議為大家準備亞麻材質的餐巾而非餐巾紙。

Petit Size

✦ 生日時果然還是喜歡圓形的蛋糕啊。能做出好吃的蛋糕之後，可以試試用糖霜裝飾蛋糕。做成環狀的蛋糕，中間可以插上蠟燭。

〈糖霜〉

準備糖粉100g、檸檬汁1大匙與蛋白1個，用湯匙打發到硬挺有光澤。等蛋糕冷卻之後再做裝飾。或者也可以加入鮮奶油，如果加入鮮奶油的話就不要打到太硬，比較美味、也有自家製風味。

Small

CuP

✦ 烏巴跟大吉嶺都是各自有其鮮明風味的高級茶種。而且兩者的單寧酸含量都很高，所以建議選用容量小的小茶杯來品嚐。

High tea for many guests

多人的茶會

比平常的人數更多，從傍晚就開始，提供輕食的茶會。

I pour my heart into tea

Menu

餅乾3種
瑪芬
三明治點心2種
醃黃瓜
蘋果塔
巧克力蛋糕
祁門茶
汀布拉茶

茶壺（大）、茶杯＆茶盤、牛奶盅（大）、糖罐、茶壺套、熱水添加壺、點心盤、蛋糕架、叉子、餐巾、桌巾、花瓶

✦人數較多的時候，一定要訂出茶會的時間表。一般茶會時間約為1.5~2小時。就以這樣的時間為標準去安排茶會程序吧。

✦點心份量也需要很多，可準備方便預先做好的種類。但全都是這類的點心會顯得不夠豐富，還是要考慮準備一些能在茶會開始時才出爐、還熱呼呼的點心。

✦設有邊桌的話會很方便。可在邊桌上集中放置叉子、點心盤、餐巾、茶壺等等。點心盤可以準備兩種款式。花飾的分量可以比平常多一些。不必使用全套餐具，但整體的色調須統一，讓人有深刻的印象。

✦紅茶要分成兩壺沖泡，所以一定要準備茶壺套。只要有茶壺套，就能讓茶水保溫40分鐘。

沖泡大量紅茶（5杯以上）的時候，茶葉的份量以及浸泡時間都要加以注意。另外，這兩種茶葉的風味完全不同，每位賓客也各有其喜好，因此要連同熱水添加壺、牛奶盅、糖罐一起端上桌。只要稍加用心，即使人數較多，也能讓每一位賓客都滿足地享用紅茶。

下午茶禮儀禁止篇

參考自英國的禮儀書

拿杯子的時候
不要翹起小指

喝茶的時候
不要發出聲音

不要把餅乾
浸在茶裡面吃

不要一次
塗太多奶油或果醬

不要吸吮
擠過的檸檬片

不要在喝茶的時間
擤鼻子

哪裡有好喝的紅茶？

「想喝好喝的紅茶時
該怎麼辦？」

「那麼，回家吧！」

山田詩子

Have a
nice
cup of tea.

作者介紹

山田詩子

1963 年 出生於名古屋市。
畢業於立命館大學。喜歡紅茶,對英國文化懷有高度的興趣,先在
東京的國分寺開了一間小小的紅茶專賣店「Karel Capek」,之後遷
到了吉祥寺。一邊經營品牌一邊物色適合的紅茶,同時也著有「紅
茶時間」(共 3 冊)、為插畫家與繪本作家。

Karel Capek 紅茶專賣店

Karel Capek 從世界各地進口嚴選紅茶,提供專屬品牌茶葉、香
草茶、紅茶茶具。
有關店名的由來,從小學時代就很喜歡讀知名捷克作家卡雷爾‧恰
佩克(Karel Capek)的著作《Dasenka》、《醫生的很長很長的一
番話》,因此以他的名字而命名。店舖除了以下這家另有五家分店。
如果您到了附近歡迎到店裡看看。
另外,也提供郵購販售、以及婚禮、生產祝賀等等的禮物,歡迎
一併利用選購。

✦ 吉祥寺本店 (11:00~20:00)
武藏野市吉祥寺本町 2-14-7 (Lives) 1F
Tel.0422-23-0488

✦Karel Capek 郵購販售部
 (10:00~17:30 週六、週日休息)
如需目錄,請與我們聯絡。
武藏野市吉祥寺本町 1-10-18
Tel.0422-23-1993
Fax.0422-29-7607

Staff

美術編輯 ············· 長岡惠美

編輯 ···················· 丹治史彥 [Media Factory]

協助 ···················· Karel Capek 有限公司

紅茶時間
I
有美味紅茶陪伴的時光

My First
Tea Book

圖文 創作 山田詩子（Utako Yamada）

譯 者 苡 蔓

總 編 輯 陳郁馨

副總編輯 李欣蓉

責任編輯 闕 寧

行銷企劃 童敏瑋

印 務 黃禮賢

社 長 郭重興

設 計 東喜設計

發行人兼出版總監 曾大福

出 版 木馬文化事業股份有限公司

發 行 遠足文化事業股份有限公司

地 址 231 新北市新店區民權路 108－3 號 8 樓

電 話 02－22181417

傳 真 02－86671891

Email service@bookrep.com.tw

郵撥帳號 19588272 木馬文化事業股份有限公司

客服專線 0800221029

法律顧問 華洋國際專利商標事務所 蘇文生律師

印 刷 成陽印刷股份有限公司

初 版 2013 年 2 月

定 價 200 元

✦

國家圖書館出版品預行編目 (CIP) 資料

紅茶時間I 有美味紅茶陪伴的時光 / 山田
詩子圖文創作；苡蔓譯 -- 初版 -- 新北市
：木馬文化出版：遠足文化發行, 2013.02-
冊　公分
ISBN 978-986-6200-81-6 (第 1 冊：精裝)
1. 茶食譜 2. 點心食譜

427.41　　　　　101024549